Bibliografische Information der Deutschen Nationalbibliothek:

Die Deutsche Bibliothek verzeichnet diese Publikation in der Deutschen National-
bibliografie; detaillierte bibliografische Daten sind im Internet über http://dnb.d-
nb.de/ abrufbar.

Impressum:

Copyright © 2013 GRIN Verlag, Open Publishing GmbH
Druck und Bindung: Books on Demand GmbH, Norderstedt Germany
ISBN: 978-3-668-18969-0

Dieses Buch bei GRIN:

http://www.grin.com/de/e-book/319621/was-kann-ich-schon-selbstdiagnose-des-
koennens-in-prozentrechnung-und

Jennifer Raab

"Was kann ich schon?" Selbstdiagnose des Könnens in Prozentrechnung und Planung des Übungsprozesses (Mathematik, Klasse 7)

GRIN Verlag

GRIN - Your knowledge has value

Der GRIN Verlag publiziert seit 1998 wissenschaftliche Arbeiten von Studenten, Hochschullehrern und anderen Akademikern als eBook und gedrucktes Buch. Die Verlagswebsite www.grin.com ist die ideale Plattform zur Veröffentlichung von Hausarbeiten, Abschlussarbeiten, wissenschaftlichen Aufsätzen, Dissertationen und Fachbüchern.

Besuchen Sie uns im Internet:

http://www.grin.com/

http://www.facebook.com/grincom

http://www.twitter.com/grin_com

Unterrichtsvorbereitung

Thema der Unterrichtseinheit:
Prozentrechnung

Thema der Unterrichtsstunde:
Was kann ich schon?-
Mithilfe einer Selbstdiagnose das eigene Können
zur Prozentrechnung einschätzen und auf dieser Basis den Übungsprozess planen

Inhaltsverzeichnis

1. Stellung der Stunde in der Unterrichtseinheit

Datum/ Stunde	Thema der Stunde/n	Angestrebter Kompetenzzuwachs Die Lernenden erweitern ihre Kompetenz …	Prozess-modell
28.10.13 1.Std	Einstieg Prozent-rechnung – *Placemat-Methode*	… *mathematisch zu kommunizieren*, indem sie mithilfe der Placemat-Methode ihr Vorwissen zum Prozentbegriff aktivieren, sich in der Gruppe darüber austauschen und ihre Ergebnisse präsentieren.	Lernen initiieren und vorbereiten
30.10.13 2.Std	Brüche in Prozent umwandeln - *Was sind Prozent?*	… *mathematische Darstellungen zu verwenden*, indem sie zwischen Bruch- und Prozentdarstellungen wechseln und die Eigenschaften von Prozentanga-ben entdecken.	Lernwege eröffnen und gestalten
01.11.13 3.Std	Prozentanteile berechnen	… *mit symbolischen, technischen und formalen Elementen der Mathematik umzugehen*, indem sie Prozentanteile berechnen und miteinander vergleichen.	
01.11.+ 04.11.13 4.+5.Std	Angebote vergleichen – Rabatt berechnen	… *mathematisch zu modellieren*, indem sie Werbe-anzeigen zweier Angebote für ein Smartphone mit-einander vergleichen, indem sie den dazugehörigen Rabatt des einen Angebots berechnen und sich begründet für eines der Angebote entscheiden.	
06.11.-13.11.13 6 - 9.Std	Anteile und Prozent	…*mathematische Darstellungen zu verwenden*, indem sie aus mathematischen Figuren Anteile bestimmen und in Prozent angeben.	Kompeten-zen stärken und erweitern
15.11.13 10+ 11.Std	Grundbegriffe der Prozentrechnung – *Grundwert, Prozent-wert und Prozentsatz*	… *mathematisch zu argumentieren*, indem sie die Grundbegriffe der Prozentrechnung kennenlernen und bei verschiedenen Sachaufgaben entscheiden, welcher Wert durch welchen Begriff beschrieben werden kann.	
18.11.+ 20.11.13 12.+ 13.Std	Prozentwert und Grundwert berechnen	… *mathematisch zu modellieren*, indem sie mithilfe des Dreisatzverfahrens den Prozent- und Grundwert bei Sachaufgaben berechnen.	
22.11.13 **14.Std** 25.11.13 15.Std	**Was kann ich schon?** **Mithilfe einer Selbst-diagnose das eigene Können zur Prozent-rechnung einschät-zen auf dieser Basis den Übungsprozess planen**	…*personale Kompetenz*, indem sie mithilfe einer Selbstdiagnose das eigene Können zur Prozent-rechnung einschätzen, auswerten und entspre-chend ihrer Stärken und Schwächen Übungs-material nutzen.	Orientierung geben und erhalten
27.11.13 16.Std	Prozentsatz berechnen	… *mathematisch zu modellieren*, indem sie mithilfe des Dreisatzverfahrens den Prozentsatz bei Sach-aufgaben berechnen.	Kompeten-zen stärken und erweitern
29.11.13 17.+ 18.Std	Prozent im Alltag – *Sachaufgaben zur Prozentrechnung*	… *mathematisch zu modellieren*, indem sie bei Sachaufgaben zur Prozentrechnung den jeweils feh-lenden Wert berechnen und ihr Ergebnis validieren.	

2. Lernvoraussetzungen

2.1 Allgemeine Lernvoraussetzungen

Die heutige Stunde findet in einem Mathematik-7-B-Kurs statt. Diese Lerngruppe setzt sich aus fünfzehn Schülerinnen und dreizehn Schülern zusammen. Diese stammen aus drei Klassen, siebzehn aus der Klasse 7c, sieben aus der Klasse 7f und vier aus der Klasse 7e. Ich unterrichte die Lerngruppe eigenverantwortlich seit Beginn des neuen Schuljahres in vier Stunden Mathematik pro Woche. Im vorherigen sechsten Schuljahr wurde Mathematik im Klassenverband unterrichtet, sodass nun erstmalig Kurse zusammengesetzt wurden. Die Lerngruppe befindet sich somit in einer Phase des Kennenlernens und ist sehr heterogen. Zu beachten ist außerdem, dass vier Lernende auf Einspruch der Eltern diesem B-Kurs, anstatt einem C-Kurs, zugeteilt wurden.

Das Verhältnis zwischen der Lerngruppe und mir schätze ich bisher positiv ein. Die Lernenden sind mir gegenüber freundlich und aufgeschlossen. Ich fühle mich als Lehrperson akzeptiert und angenommen.

Als leistungsstärkere Schülerinnen und Schüler zeigen sich bisher (…). Sie beteiligen sich häufig am Unterricht und sind am Fach Mathematik sehr interessiert. Allgemein ist die Lerngruppe in ihrer mündlichen Beteiligung jedoch häufig noch etwas zurückhaltend. Sehr ruhig sind unter anderem (…). Als leistungsschwächere Schülerinnen und Schüler schätze ich bisher (…) ein. Sie benötigen häufiger Hilfestellungen beim Bearbeiten von Aufgaben und weisen oft Schwächen bei grundlegenden mathematischen Berechnungen auf.

J. hat besondere Schwierigkeiten im Bereich des Lesens und Schreibens und eine leichte Sehschwäche. Gemeinsam mit seiner Mutter wurde daher die Absprache getroffen, bei Arbeitsblättern möglichst eine größere Schriftgröße für ihn zu wählen. Bei Textaufgaben ist es für ihn außerdem hilfreich, ihm individuelle Hilfestellungen zu geben.

Allgemein fällt in der Lerngruppe auf, dass einige der Lernenden die Hausaufgaben nicht oder nur teilweise erledigen und häufig nicht ihr vollständiges Material dabei haben. Durch ihr Arbeits- und Sozialverhalten fallen vor allem (…) auf. Sie halten sich häufig nicht an vereinbarte Regeln und stören den Unterricht durch unpassende Zwischenrufe. In Einzel- oder Gruppenarbeitsphasen sind sie oft unkonzentriert und beschäftigen sich mit anderen Tätigkeiten.

2.2 Institutionelle Lernvoraussetzungen

Bei der Gesamtschule handelt es sich um eine integrierte Gesamtschule. Im Fach Mathematik findet ab dem siebten Jahrgang eine Differenzierung in A-, B- und C-Kurse statt. Bei dieser Lerngruppe handelt es sich um einen B-Kurs, was dem Realschulniveau entspricht.

Die heutige Unterrichtsstunde findet im Fachraum statt. Zur Ausstattung des Raumes gehören eine Tafel und ein Overheadprojektor.

2.3 Spezielle Lernvoraussetzungen

In der vorherigen Unterrichtseinheit haben die Lernenden bereits das Dreisatzverfahren bei proportionalen Zuordnungen kennengelernt und angewendet. Außerdem wurden verschiedene Sachaufgaben zu proportionalen und antiproportionalen Zuordnungen behandelt und erste Schritte beim Modellieren mündlich besprochen.

In dieser Unterrichtseinheit zur Prozentrechnung haben die Lernenden bereits ihr Vorwissen zum Prozentbegriff aktiviert, die Zusammenhänge zwischen Brüchen und Prozenten wiederholt und Prozentanteile berechnet. Außerdem wurden die Grundbegriffe der Prozentrechnung eingeführt und Prozent- und Grundwert mithilfe des Dreisatzverfahrens berechnet. In dieser Unterrichtsstunde geht es nun darum, das bisherige Wissen zu Prozenten zu überprüfen und entsprechend zu üben, um den Lernenden eine Orientierung zu geben.

Der Lerngruppe steht noch kein Taschenrechner zur Verfügung, dieser wird erst im darauffolgenden Schulhalbjahr eingeführt. Daher müssen die Lernenden alle Berechnungen schriftlich, wenn möglich auch im Kopf, durchführen.

Einen *Diagnosebogen* habe ich mit dieser Lerngruppe bisher noch nicht verwendet, sodass ich mich dazu entschieden habe, den Bogen zu Beginn ausführlich zu besprechen, damit den Lernenden bewusst wird, wie sie ihr eigenes Wissen mithilfe des Bogens einschätzen können. Außerdem gibt es zwei verschiedene Versionen des Diagnosebogens (Blau und Orange), sodass in dieser ersten Phase der Selbsteinschätzung nicht bereits zusammengearbeitet werden kann.

In der darauffolgenden Übungsphase haben die Lernenden jedoch die Möglichkeit zu zweit zu arbeiten und sich gegenseitig Hilfestellungen zu geben. *Partnerarbeit* habe ich mit dieser Lerngruppe bereits mehrfach durchgeführt, sie arbeiten dabei meist konzentriert an ihren Aufgaben und tauschen sich über ihre Lösungsvorschläge aus. Der Lerngruppe stehen außerdem *Hilfekarten* für die drei Bereiche zur Verfügung.

3. Angestrebter Kompetenzzuwachs

Die Lernenden erweitern ihre *personale Kompetenz*, indem sie mithilfe einer Selbstdiagnose das eigene Können zur Prozentrechnung einschätzen, auswerten und entsprechend ihrer Stärken und Schwächen Übungsmaterial nutzen.

4. Verlaufsplan

Zeit	Phase/Inhalt	Methode/ Sozialform	Medien
10:35Uhr- 10:37Uhr	Vorstellen des Gastes	LiV-Vortrag	
10:37Uhr- 10:42Uhr	**Einstieg/ Motivation:** Folgende Aufgabe steht an der Tafel: 60% von 200 befragten Schülerinnen und Schülern mögen das Fach Mathematik.	Stummer Impuls	Tafel
	Mögliche Schüleräußerungen: - Der Prozentwert ist gesucht. - Der Grundwert ist 200 Schüler. - Der Prozentsatz ist 60%. - Man kann die Aufgabe mit dem Dreisatz berechnen. - 12 Schüler mögen Mathematik - ...	Schüler- äußerungen	
10:42Uhr- 10:50Uhr	**Problemstellung** „Ihr habt heute die Möglichkeit, euer bisheriges Wissen zur Prozentrechnung mit einem Fragebogen selbst einzuschätzen und anschließend auch selbst zu entscheiden, was ihr noch üben müsst."	LiV-Impuls	
	Folie mit Diagnosebogen wird auf dem Overheadprojektor gezeigt.		OHP, Folie
	„Ihr bekommt gleich einen solchen Bogen, mit dem ihr euch selbst testen könnt."	LiV-Vortrag	
	Ein/e Schüler/in liest die Aufgabenstellung auf der Folie vor.	Schülerbeitrag	
	Offene Fragen werden geklärt.		

	Arbeitsauftrag: „Jeder füllt diesen Bogen gleich alleine aus und kontrolliert im Anschluss seine Lösungen. Wer fertig ist, kann sich dann hier vorne die Übungsblätter abholen und die Aufgaben nach eurer festgelegten Reihenfolge lösen. Wenn ihr einen Partner findet, der die gleichen Aufgaben übt, könnt ihr gerne auch zu zweit arbeiten." Hinweis auf Hilfekarten/ Lösungen/ 2 Gruppen (Blau und Orange) Offene Fragen werden geklärt. Der Diagnosebogen und die Lösungen im Umschlag werden ausgeteilt.		Diagnose-bogen, Umschläge
10:50Uhr- 11:15Uhr ~10'	**Arbeitsphase:** Die Lernenden füllen allein den Diagnose-bogen aus, werten ihn mithilfe der Lösun-gen aus und entscheiden, welche Übun-gen sie in welcher Reihenfolge bearbeiten.	Einzelarbeit	Diagnose-bogen, Stifte, Lösungen
~15'	Die Lernenden bearbeiten die Übungsauf-gaben. Mögliche/ erwünschte Schüleraktivitäten: - Anteile bestimmen - Brüche erweitern und kürzen - Brüche in Dezimalzahlen und Prozent umwandeln - Grundwert/ Prozentwert und Prozent-Satz in Textaufgaben erkennen - Prozent- und Grundwert mithilfe des Dreisatzverfahrens berechnen - eigene Textaufgaben formulieren - Lösungen kontrollieren - evtl. Hilfekarten verwenden - ...	Einzel-/ Partnerarbeit LiV gibt individuelle Hilfe-stellungen	Arbeits-blätter, Stifte, Hilfekarten, Lösungen
11:15Uhr- 11:20Uhr	**Ergebnissicherung:** Die Lernenden erhalten einen Reflexions-bogen und füllen ihn aus. Ein bis zwei Lernende geben eine kurze Rückmeldung zu ihrer Reflexion.	Einzelarbeit Schülerbeitrag	Reflexions-bogen
	Ausblick auf die nächste Stunde: Weiterarbeit an Übungsaufgaben, Reflexion der Methode/Schwierigkeiten, evtl. Besprechung einzelner Aufgaben	LiV-Vortrag	

5. Literatur- und Quellenangaben

Barzel, Bärbel/ Holzäpfel, Lars/ Leuders, Timo/ Streit, Christine: Mathematik unterrichten: Planen, durchführen, reflektieren. Berlin: Cornelsen 2012.

Barzel, Bärbel/ Büchter, Andreas/ Leuders, Timo: Mathematik Methodik. Handbuch für die Sekundarstufe I und II. Berlin: Cornelsen Scriptor 2007.

Blum, Werner/ Drüke-Noe, Christina/ Hartung, Ralph/ Köller, Olaf: Bildungsstandards Mathematik: konkret. Sekundarstufe I: Aufgabenbeispiele, Unterrichtsanregungen, Fortbildungsideen. Berlin: Cornelsen Skriptor 2006.

Diagnostizieren und Fördern: Zuordnungen und Proportionalität – Prozentrechnung. Mathematik 7/8. Arbeitsheft für Schülerinnen und Schüler. Hrsg. Von Udo Wennekers. Berlin: Cornelsen Verlag 2009.

Hessisches Kultusministerium: Bildungsstandards und Inhaltsfelder. Das neue Kerncurriculum für Hessen. Sekundarstufe I. Wiesbaden: 2011.

Maaß, Katja: Mathematisches Modellieren. Aufgaben für die Sekundarstufe I. Berlin: Cornelsen Skriptor 2007.

Mathelive 7: Mathematik für Sekundarstufe I. Arbeitsheft mit Lernsoftware. Hrsg. Von Sabine Kliemann. Stuttgart: Klett Verlag 2008.

Paradies, Liane/ Linser, Hans Jürgen/ Greving, Johannes: Diagnostizieren und Fördern. 3.Auflage. Berlin: Cornelsen Skriptor 2009.

Ausgangsdiagnose: Prozentrechnung

Kreuze jeweils an, ob die Aufgabe richtig oder falsch ist.
Gib die richtige Lösung an, wenn die Aufgabe falsch ist.
Wenn du alles ausgefüllt hast, überprüfe mithilfe der Lösungen, ob du richtig liegst!

A – Anteile und Prozent

	Aufgabe	wahr	falsch	Richtige Lösung	✓
1	10 von 50 Schülern kommen mit dem Bus zur Schule. Das sind 20%.				
2	20% Zuckergehalt bedeutet, dass $\frac{1}{20}$ aus Zucker besteht.				
3	2 von 25 Schülern sind krank. Das sind 4%.				
4	$\frac{66}{300}$ von einem Ganzen sind 22%.				
5	75% der Kreisfläche ist grün gefärbt.				
6	40% der Kreise sind blau gefärbt.				

B – Grundbegriffe der Prozentrechnung

	Aufgabe	wahr	falsch	Richtige Lösung	✓
1	Der Grundwert(G) beträgt immer 100%.				
2	Von 14 Jungen spielen 8 Fußball. Gesucht ist der Prozentsatz(p%).				
3	Der Prozentwert(W) wird immer in Prozent angegeben.				
4	Jeder vierte Jugendliche ist übergewichtig. Der Prozentsatz(p%) beträgt 20%.				
5	Der Prozentwert(W) entspricht immer dem Prozentsatz(p%).				
6	5 Mädchen aus der Klasse 7b spielen Handball. Das sind 20% der Mädchen. Gesucht ist der Prozentwert(W).				
7	Von 100 Jugendlichen haben 70% einen eigenen Computer. Gesucht ist der Grundwert(G).				

C – Prozentrechnung

	Aufgabe	wahr	falsch	Richtige Lösung	✔
1	Um Prozentwert, Grundwert und Prozentsatz zu berechnen, kann man immer den Dreisatz verwenden.				
2	$\frac{\%}{100} \quad \frac{€}{50}$ 1 20 Bei dieser Aufgabe wird der Prozentsatz(p%) berechnet.				
3	5 Schüler der Klasse 7a singen im Chor. Das ist jeder vierte Schüler. Also sind 20 Schüler in der Klasse.				
4	25% von 440€ sind 120€.				
5	Beim Dreisatz wird dem Grundwert in der Tabelle immer 100% zugeordnet.				
6	$\frac{\%}{30} \quad \frac{€}{90}$ 1 100 Bei dieser Aufgabe wird der Grundwert(G) berechnet.				

Auswertung:

Betrachte nun deine Angaben mit den Lösungen im Umschlag. Kontrolliere in der rechten Spalte, welche Aufgaben du bereits richtig lösen konntest und welche noch nicht: Richtige Lösung = ✔ oder falsche Lösung = ✘

Entscheide nun, welchen Bereich du zuerst üben möchtest und was du danach noch üben musst. Du kannst auch die Bereiche, die du schon kannst, auslassen!

Folgende Bereiche möchte ich in dieser Reihenfolge üben:

1. _____

2. _____

3. _____

Lösungen

A	wahr	falsch	Richtige Lösung
1	X		
2		X	20% Zucker bedeutet, dass $\frac{20}{100}$, also $\frac{1}{5}$ aus Zucker besteht.
3		X	2 von 25 Schülern sind krank. Das sind $\frac{8}{100}$, also 8%.
4	X		
5	X		
6		X	$\frac{4}{5}$ der Kreise sind blau gefärbt, das sind $\frac{80}{100}$, also 80%.

B	wahr	falsch	Richtige Lösung
1	X		
2	X		
3		X	Der Prozentsatz(p%) wird immer in Prozent angegeben.
4		X	Der Prozentsatz(p%) beträgt 25%.
5	X		
6		X	Gesucht ist der Grundwert(G).
7		X	Gesucht ist der Prozentwert(W).

C	wahr	falsch	Richtige Lösung
1	X		
2		X	Bei dieser Aufgabe wird der Prozentwert(W) berechnet.
3	X		
4		X	25% von 440€ sind 110€.
5	X		
6	X		

Ausgangsdiagnose: Prozentrechnung

Kreuze jeweils an, ob die Aufgabe richtig oder falsch ist.
Gib die richtige Lösung an, wenn die Aufgabe falsch ist.
Wenn du alles ausgefüllt hast, überprüfe mithilfe der Lösungen, ob du richtig liegst!

A – Anteile und Prozent

	Aufgabe	wahr	falsch	Richtige Lösung	✔
1	2 von 25 Schülern sind krank. Das sind 8%.				
2	$\frac{44}{200}$ von einem Ganzen sind 22%.				
3	10 von 50 Schülern kommen mit dem Bus zur Schule. Das sind 10%.				
4	30% Zuckergehalt bedeutet, dass $\frac{1}{30}$ aus Zucker besteht.				
5	◯ ◯ ◯ ◯ 30% der Kreise sind grün gefärbt.				
6	 25% der Kreisfläche ist rot gefärbt.				

B – Grundbegriffe der Prozentrechnung

	Aufgabe	wahr	falsch	Richtige Lösung	✔
1	Der Prozentwert(W) wird immer in Prozent angegeben.				
2	Jeder fünfte Jugendliche ist übergewichtig. Der Prozentsatz(p%) beträgt 25%.				
3	Der Grundwert(G) beträgt immer 100%.				
4	Von 10 Jungen spielen 6 Fußball. Gesucht ist der Prozentsatz(p%).				
5	Von 80 Jugendlichen haben 60% einen eigenen Computer. Gesucht ist der Grundwert(G).				
6	Der Prozentwert(W) entspricht immer dem Prozentsatz(p%).				
7	3 Mädchen aus der Klasse 7b spielen Handball. Das sind 25% der Mädchen. Gesucht ist der Prozentwert(W).				

C – Prozentrechnung

	Aufgabe	wahr	falsch	Richtige Lösung	✔
1	4 Schüler der Klasse 7a singen im Chor. Das ist jeder vierte Schüler. Also sind 16 Schüler in der Klasse.				
2	25% von 880€ sind 240€.				
3	Um Prozentwert, Grundwert und Prozentsatz zu berechnen, kann man immer den Dreisatz verwenden.				
4	$\begin{array}{c\|c} \% & € \\ \hline 20 & 60 \\ 1 & \\ 100 & \end{array}$ Bei dieser Aufgabe wird der Grundwert(G) berechnet.				
5	Beim Dreisatz wird dem Grundwert in der Tabelle immer 100% zugeordnet.				
6	$\begin{array}{c\|c} \% & € \\ \hline 100 & 60 \\ 1 & \\ 40 & \end{array}$ Bei dieser Aufgabe wird der Prozentsatz(p%) berechnet.				

Auswertung:

Betrachte nun deine Angaben mit den Lösungen im Umschlag. Kontrolliere in der rechten Spalte, welche Aufgaben du bereits richtig lösen konntest und welche noch nicht: Richtige Lösung = ✔ oder falsche Lösung = ✘

Entscheide nun, welchen Bereich du zuerst üben möchtest und was du danach noch üben musst. Du kannst auch die Bereiche, die du schon kannst, auslassen!

Folgende Bereiche möchte ich in dieser Reihenfolge üben:

1. _____

2. _____

3. _____

Lösungen

A	wahr	falsch	Richtige Lösung
1	X		
2	X		
3		X	10 von 50 Schülern kommen mit dem Bus zur Schule. Das sind $\frac{20}{100}$, also 20%.
4		X	30% Zucker bedeutet, dass $\frac{30}{100}$, also $\frac{3}{10}$ aus Zucker besteht.
5		X	$\frac{3}{4}$ der Kreise sind grün gefärbt, das sind $\frac{75}{100}$, also 75%.
6	X		

B	wahr	falsch	Richtige Lösung
1		X	Der Prozentsatz(p%) wird immer in Prozent angegeben.
2		X	Der Prozentsatz(p%) beträgt 20%.
3	X		
4	X		
5		X	Gesucht ist der Prozentwert(W).
6	X		
7		X	Gesucht ist der Grundwert(G).

C	wahr	falsch	Richtige Lösung
1	X		
2		X	25% von 880€ sind 420€.
3	X		
4	X		
5	X		
6		X	Bei dieser Aufgabe wird der Prozentwert(W) berechnet.

A – Anteile und Prozent

1) Wie viel Prozent der Figur sind gefärbt?

a)   b)   c)   d)

_____   _____   _____   _____

2) Fülle folgende Tabelle aus:

Bruch	$\dfrac{1}{2}$	$\dfrac{2}{5}$	$\dfrac{120}{400}$	$\dfrac{3}{2}$	$\dfrac{5}{25}$	$\dfrac{20}{200}$
Hundertstel-bruch	$\dfrac{50}{100}$					
Dezimalzahl	0,5					
Prozent	50%					

3) Gib den Anteil als Hundertstelbruch und in Prozent an.

a) 47 von 50 befragten Schülern haben ein eigenes Handy: _____

b) Jeder vierte Junge spielt Computerspiele: _____

c) Als Torwart hat Martin acht von 20 Elfmetern gehalten: _____

d) Drei von vier Mädchen essen gern Schokolade: _____

Überlege dir zwei weitere Beispiele:

f) _____   _____

g) _____   _____

B – Grundbegriffe der Prozentrechnung

4) Ergänze den folgenden Lückentext mit den Begriffen aus dem Kasten:

Prozentsatz, Prozentwert, 100 Prozent, Grundwert

In der Prozentrechnung wird ein Ganzes _____ genannt. Dieser beträgt immer

_____. Ein bestimmter Teil dieses Ganzen bezeichnet man als _____.

Der Anteil dieses Wertes wird in Prozent angegeben und heißt _____.

5) Fülle zu folgenden Aufgaben die Tabelle mit den jeweiligen Angaben aus:

a) Die Klasse 7c hat 16 Mädchen, 50% davon haben braune Haare. Das sind 8 Mädchen.
b) Ela gibt fürs Kino 10€ aus. Das sind 25% ihres Taschengeldes. Sie erhält 40€ im Monat.
c) Tom ist 5km mit dem Fahrrad gefahren. Das sind 20% der Gesamtstrecke von 25km.
d) Es gibt 10% Rabatt auf ein Smartphone, das 400€ kostet. Der Rabatt beträgt 40€.

	Grundwert (G)	Prozentsatz (p%)	Prozentwert (W)
a)			
b)			
c)			
d)			

6) Bestimme, welche Angaben gegeben und gesucht sind. Überlege dir eine eigene Aufgabe.

Aufgabe	Gegeben	Gesucht
Von 50 Jugendlichen besitzen 80% ein eigenes Handy.	G = 50 Jugendliche, p% = 80%	W
In einer Schokolade sind 40g Zucker. Das sind 40% der Gesamtmenge		
Von zehn Mädchen mögen Acht das Unterrichtsfach Kunst.		
In einer Ein-Liter-Flasche Orangensaft beträgt der Fruchtgehalt 60%.		
Von 28 Schülerinnen und Schülern der Klasse 7c sind 25 anwesend.		

C – Prozentrechnung

7) Berechne jeweils den Prozentwert:

a) 15% von 300kg = _____   b) 3% von 600cm = _____

c) 120% von 450m = _____   d) 4% von 20€ = _____

8) Berechne jeweils den Grundwert:

a) 1% entspricht 20€ _____   b) 80% entsprechen 600cm _____

c) 8% entsprechen 48m _____   d) 24% entsprechen 120kg _____

9) Berechne den jeweils fehlenden Wert:

a) Eine Marmelade mit 200g Inhalt enthält 60% Zucker. Wie viel g Zucker sind das? _____

b) Niklas hat bereits 40% seines Taschengelds ausgegeben. Das sind 20 Euro. Wie viel

Taschengeld bekommt er? _____

c) Von den 20 Schülern der Klasse 7a sind 40% Mädchen. Wie viele sind es? _____

Lösungen: A – Anteile und Prozent

1 a) 25% b) 75% c) 50% d) 60%

2)

Bruch	$\frac{1}{2}$	$\frac{2}{5}$	$\frac{120}{400}$	$\frac{3}{2}$	$\frac{5}{25}$	$\frac{20}{200}$
Hundertstel-bruch	$\frac{50}{100}$	$\frac{40}{100}$	$\frac{30}{100}$	$\frac{150}{100}$	$\frac{20}{100}$	$\frac{10}{100}$
Dezimalzahl	0,5	0,4	0,3	1,5	0,2	0,1
Prozent	50%	40%	30%	150%	20%	10%

3 a) 47 von 50 befragten Schülern haben ein eigenes Handy: $\frac{47}{50} = \frac{94}{100} = 94\%$

 b) Jeder vierte Junge spielt Computerspiele: $\frac{1}{4} = \frac{25}{100} = 25\%$

 c) Als Torwart hat Martin acht von 20 Elfmetern gehalten: $\frac{8}{20} = \frac{40}{100} = 40\%$

 d) Drei von vier Mädchen essen gern Schokolade: $\frac{3}{4} = \frac{75}{100} = 75\%$

 e) Jeder zweite Schüler mag das Fach Sport: $\frac{1}{2} = \frac{50}{100} = 50\%$

Lösungen: B – Grundbegriffe der Prozentrechnung

4) In der Prozentrechnung wird ein Ganzes **Grundwert** genannt. Dieser beträgt immer **100 Prozent**. Ein bestimmter Teil dieses Ganzen bezeichnet man als **Prozentwert**. Der Anteil dieses Wertes wird in Prozent angegeben und heißt **Prozentsatz**.

5)

	Grundwert (G)	Prozentsatz (p%)	Prozentwert (W)
a)	16 Mädchen	50%	8 Mädchen
b)	40 €	25%	10 €
c)	25 km	20%	5 km
d)	400 €	10%	40 €

6)

Aufgabe	Gegeben	Gesucht
In einer Schokolade sind 40g Zucker. Das sind 40% der Gesamtmenge	W = 40g, p% = 40%	G
Von zehn Mädchen mögen Acht das Unterrichtsfach Kunst.	G = 10 Mädchen, W = 8 Mädchen	p%
In einer Ein-Liter-Flasche Orangensaft beträgt der Fruchtgehalt 60%.	G = 1 Liter, p% = 60%	W
Von 28 Schülerinnen und Schülern der Klasse 7c sind 25 anwesend.	G = 28 Schüler, W = 25 Schüler	p%

Lösungen C – Prozentrechnung

7 a) 15% von 300kg = 45kg   b) 3% von 600cm = 16cm

 c) 120% von 450m = 540m   d) 4% von 20€ = 0,8€

8 a) 1% entspricht 20€ → G= 200€   b) 80% entsprechen 600cm → G=750cm

 c) 8% entsprechen 48m → G=3,84m   d) 24% entsprechen 120kg → G=28,8kg

9 a) 120g   b) 50€   c) 8 Mädchen